水肥一体化技术图解系列丛书

叶菜类蔬菜

水肥一体化技术图解

苏效坡　张承林　编著

中国农业出版社
北京

　　叶菜类蔬菜包括两类：第一类是以嫩叶和茎供食用的蔬菜，如小白菜、芹菜、菠菜、苋菜、生菜等，称为绿叶菜类；第二类是以叶球供食用的蔬菜，如结球甘蓝、大白菜（结球白菜）、花椰菜等，称为结球叶菜类。

　　灌溉和施肥是叶菜类蔬菜生产管理的重要环节。水肥管理与叶菜类蔬菜的产量和品质有密切的关系。传统意义上频繁的灌溉和施肥，会增加劳动力投入和劳动强度。此外，由于不合理的水肥管理，生产上存在施肥成本高、施肥盲目、过量施肥、不平衡施肥、土壤酸化、土壤盐化、土壤板结、地下水污染、土传病虫害加剧等问题。特别是劳动力成本逐年上涨，种植户不堪重负。水肥一体化技术是目前国家大力推广的高效灌溉施肥技术，具有显著的省工、节肥、省水、高效、高产、环保的优点。我国在叶菜类蔬菜上近年也有大量的技术应用，取得明显的成效。水肥一体化技术是综合技术体系，有系统的理论和技术细节，已有多部专著详细介绍。但大篇幅的技术专著更适合专业技术人员阅读。

对广大叶菜类蔬菜种植户而言，他们迫切需要一本图文并茂、通俗易懂、实用性强的技术图册来学习和掌握相关知识。本书正是为满足这一需求而编写的。

由于受篇幅所限，本书只能概括性地介绍水肥一体化技术相关的理论、设备、肥料和管理措施。各种植区气候、土壤、人文环境也存在差异，导致物候期、施肥方案以及田间管理会存在差异，读者在阅读时可根据当地的实际情况酌情调整，尤其是施肥方案，本书的施肥方案仅作为参考。

本书是作者多年研发推广水肥一体化技术的理论和实践经验的总结，由苏效坡、张承林负责编写。书中插图由林秀娟绘制。在编写过程中，华南农业大学作物营养与施肥研究室邓兰生、涂攀峰、程凤娴、杨依彬等同事提供了有关技术资料、照片、图表等，在此表示衷心的感谢。

目 录
CONTENTS

水肥一体化技术的基本原理

作物要正常生长需要五个基本要素：光照、温度、空气、水分和养分。

空气指大气中的二氧化碳和土壤中的氧气。在田间情况下，光照、温度、空气是难以人为控制的，只有水分和养分两个生长要素是可以人为控制的，这就是合理灌溉和施肥。

大量元素：氮、磷、钾。

中量元素：钙、镁、硫。

微量元素：铁、硼、铜、锰、钼、锌、氯、镍。

有益元素：硅、钠、钴、硒。

小嘴

大嘴

作物有两张嘴，大嘴叫根系，小嘴叫叶片。作物主要是依靠根系吸收水分和养分。叶片喷肥只起补充作用。

根系主要吸收离子态养分，肥料只有溶解于水后才变成离子态养分。所以水分是决定根系能否吸收到养分的决定性因素。没有水的参与，根系就吸收不到养分。肥料必须要溶解于水后根系才能吸收，不溶解的肥料是无效的。肥料一定要施到根系所在范围。水肥配合施用，养分离子随水到达根系表面而被吸收。常规的撒施肥料大部分养分没有被吸收，停留于土壤表面或根区外的区域，养分利用率不高。

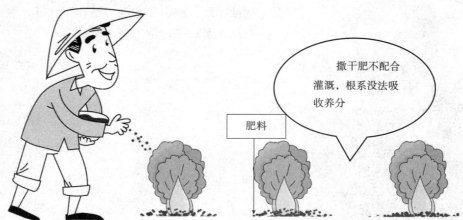

肥料

撒干肥不配合灌溉，根系没法吸收养分

　　水肥一体化技术满足了"肥料要溶解后根系才能吸收"的基本要求。在实际操作时，将肥料溶解在灌溉水中，由灌溉管道输送到田间的每一株作物的根区，根系在吸收水分的同时吸收养分，即灌溉和施肥同步进行。淋水肥是简易的水肥一体化管理。

　　水肥一体化有广义和狭义的理解。广义的水肥一体化就是灌溉与施肥同步进行，肥料兑水施用。狭义的水肥一体化就是通过灌溉管道施肥，如通过滴灌、喷水带、喷灌施肥。

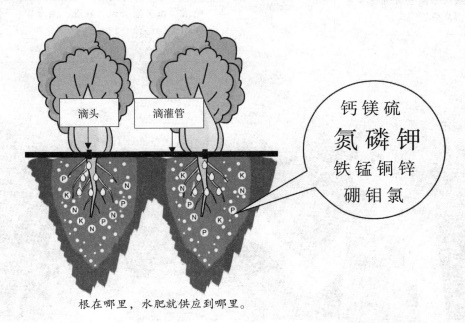

根在哪里，水肥就供应到哪里。

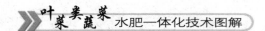

叶菜类蔬菜的主要灌溉形式

滴灌

　　滴灌是指具有一定压力的灌溉水，通过滴灌管输送到田间每株作物，管中的水流通过滴头出来后变成水滴，连续不断的水滴对根区土壤进行灌溉。如果灌溉水中加了肥料，则滴灌的同时也在施肥。

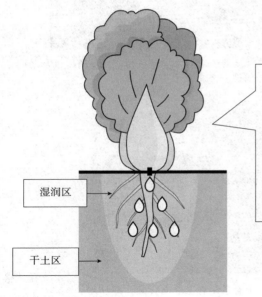

注意啦：滴灌是一种局部灌溉方法，它浇的是作物，而不是土壤。施肥是对根区施肥，而不是对土壤施肥。由于根系都是跟着水肥生长的，所以滴灌条件下根系大部分密集生长在滴头下方，其他地方少根。记住啊，要关注的是根系的数量及土壤中养分的浓度。滴灌是通过延长灌溉时间达到计划灌溉量的。当采用滴灌时，必须做到两个滴头之间的湿润部分要有重叠。两个滴头的间距是由土壤质地决定的，沙土间距小、黏土间距宽。

湿润区

干土区

花椰菜滴灌，单垄双行种植，两行间铺设一条滴灌管（带）

生菜滴灌，每垄种植四行，每两行铺设一条滴灌管（带）

生菜膜下滴灌，每垄种两行，每行铺设一条滴灌管（带）

大白菜与荷兰豆间作时，每行大白菜铺设一条滴灌管（带）

常见的滴灌管或滴灌带

通常壁厚小于0.6毫米的称为滴灌带，大于0.6毫米的称为滴灌管。

内镶柱状滴灌管，寿命长，价格贵

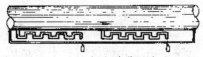

边缝式滴灌带，多为
一季作物使用，价格便宜

内镶贴片式或者连续贴片式滴灌带，最适合生长季节短的作物应用，性价比最高，可反复多次使用。

可选择0.2毫米、0.3毫米或0.4毫米壁厚，通常壁厚越厚，寿命越长。厂家有各种滴头流量和间距供选择。通常单行或者两行叶菜铺设一条滴灌带，沙壤土滴头间距20~30厘米，流量1.0~2.0升/小时；壤土滴头间距30~40厘米，流量1~2升/小时。

　　膜下滴灌在低温冷凉、热量不足的地区可起到增温保墒的效果，相当于为农作物延长生长时间 20～30 天。在冬春季节膜内 0～5 厘米地温提高 2～4℃，近地层气温提高 4～8℃；炎热夏天又可以降低膜内地温。覆膜减少了土壤水分蒸发，还可以减少降雨对肥料的淋洗，有效控制杂草的生长。无色薄膜反射光的能力很强，可使距地面 15 厘米高处的光强增加 10%，改善近地面气层的光热条件。用于覆盖滴灌的膜有多种，常见的有透明无色膜、黑地膜、反光膜（朝下面是黑色，朝上面是银灰色或白色）。南方高温地区建议用反光膜，一是防止杂草生长，二是覆膜后由于光被反射，不会造成土壤升温剧烈。

反光膜

透明薄膜

特别提醒

　　过滤器是滴灌成败的关键设备。对于泥沙较多的水源，建议安装砂石过滤器（离心过滤器）作为第一道过滤设备，然后选择叠片式过滤器或者网式过滤器作为第二道过滤设备。第二道过滤设备要求用120～150目过滤器。如果水源中含有有机成分较多（如青苔、藻类、微生物等），建议安装介质过滤器。介质过滤器必须与叠片过滤器或者网式过滤器配合使用。水源的吸水口用尼龙网包裹底阀或者做网箱将底阀放入，或者用空桶将底阀浮起到靠近水面的水中，或者铺设滴灌带时滴头朝上，都是为了减少滴头堵塞的风险。

从左至右依次为砂石过滤器、介质过滤器、叠片过滤器及网式过滤器

滴灌的优点

1. 节水：水分利用效率高，可以达到60％～90％。
2. 节工：可以节省80％以上用于灌溉和施肥的人工，大幅度降低劳动强度，做到灌溉追肥不下田。
3. 节肥：肥料利用率高，比常规施肥节省30％以上的肥料。
4. 节药：部分湿润土壤，相对湿度低，降低发病率，减少农药用量。
5. 高效快速，可以在极短的时间内完成灌溉和施肥工作，生长整齐；可以精确实现水肥调控。
6. 对地形的适应性强，不论平地还是山坡地均可栽植。
7. 可以在沙地等保水保肥差的土壤上种植作物。
9. 有利于实现标准化、集约化栽培。
10. 水分、养分同时供应，少量多次施肥更符合作物需求。
11. 后期封行后追肥方便，可以及时补肥。
12. 当采用膜下滴灌时，叶片干净无尘土，适合种植生吃蔬菜（如生菜）。

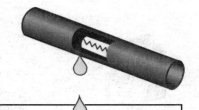

滴灌的不足

1. 如果管理不好，滴头容易堵塞。
2. 一次性的设备投资较大。
3. 在水源压力一定时，滴灌一般以固定面积的轮灌区操作，对不规整的地块操作不便。但自压滴灌则不受轮灌区大小限制。
4. 作物收获前要回收滴灌管道，增加人工成本。回收后的滴灌管大部分无法再次使用。
5. 由于采用薄壁滴灌带，使用过程中易发生机械损伤及虫、鼠、鸟咬噬，需要经常去田间修补。
6. 要求施用的肥料杂质少、溶解快，增加施肥成本。
7. 当采用双行种植铺设一条滴灌带时，移苗时根系浅、范围窄，此时需要人工淋施定根水或者营养液，增加人工成本。

滴灌施肥就像母亲给婴儿喂奶。水分、养分同时供应，少量多餐，养分平衡。以前给作物施肥是多量少次，作物就像乞丐一样，饱一顿，饿一顿。有的肥料没有溶解，有的肥料则被大水淋洗或冲走，真正能够进入到根系层被吸收的养分少。肥料大量浪费的同时，作物也得不到及时和足够的营养供应。有了滴灌后，灌溉施肥可以同时进行，且可以根据不同时期对养分和水分的需求，制定合理的施肥和灌溉方案，进行水肥调控。

记住啊，作物就像个婴儿，需要悉心照料。

每次喂它，要记得水肥一起喂啊。撒干肥是落后的施肥方法，存在流失、烧根、利用效率低等一系列问题。

喂养婴儿是实行少量多餐的，所以对作物也应少量多餐。作物的根系在适宜温度下是一直在吸收养分和水分的，频繁施肥和灌溉才能满足作物对水肥的需要。滴灌就能做到这点。采用滴灌才能实现精细的水肥管理。

喷水带灌溉

喷水带灌溉也称水带灌溉或微喷带灌溉，指在 PE 软管上直接开 0.5～1.0 毫米的微孔出水进行灌溉，无需再单独安装出水器。在一定压力下，灌溉水从孔口喷出，高度几十厘米至1 米。

在叶菜类蔬菜的生产中，喷水带灌溉是一种非常方便的灌溉方式。喷水带规格有 25 毫米、32 毫米、40 毫米、50 毫米四种，单位长度流量为每米 50～150 升/小时。

喷水带简单、方便、实用。只要将喷水带按一定的距离铺设到田间就可以直接灌水，收放和保养方便。对灌溉水的要求显著低于滴灌，抗堵塞能力强，一般只需做简单过滤即可使用。工作压力低，能耗少。应尽量选择小流量喷水带，喷水孔朝上安装，铺设长度不超过 50米。垄高很低或者不起垄种植时，可以直接用喷水带。如果起垄种植，一定要选择流量较小的喷水带；如果流量过大，可能会产生地表径流，导致水分、养分流入垄沟。

喷水带灌溉是浇地，土面蒸发很大；同时，由于出流量很大，容易产生地面径流，渗漏损失也很大。当用喷水带施肥时，肥料易流失到垄沟，同时会使杂草大量生长。

为克服喷水带的缺点，在干旱区域宜选择膜下喷水带。选择小流量的喷水带同时覆膜，就相当于大流量滴灌，具有滴灌的优点。同时，又可以降低堵塞风险。一般每条喷水带都安装一个开关，这样可以根据压力变化调节一次的灌溉面积。

膜下喷水带，每条带上安装阀门

　　滴灌通常按轮灌区操作，需要计算压力和流量。滴灌安装旁通时（特别是软管上安装）经常出现漏水问题。滴灌需要精细的过滤设备，过滤不好易于堵塞滴头。对于大棚种植叶菜类蔬菜，这里推荐一种新模式，可以解决上述压力调节、旁通漏水和滴头堵塞问题。这就是小管径喷水带加带出水口的输水软带灌溉。在输水软带上，厂家已加工好带内牙的出水口，用户只要将带外丝的各种旁通直接拧上就行，省去了开孔装旁通的麻烦（开孔不规整是漏水的主要原因）。旁通有弯头旁通、直接旁通、双出口旁通、球阀旁通等，可满足各种连接微喷带的需要。微喷带一般选用 20 毫米外径，足够满足大棚种植畦的铺设长度要求。连接好微喷带后再盖地膜。此灌溉模式发挥了滴灌和微喷带两方面的优点，值得大力推广。

带内牙连接开口的软管及外牙拉扣旁通

20毫米微喷带与63毫米软管连接

喷水带灌溉的优点

1. 适应范围广。
2. 抗堵塞性能好（对水质和肥料的要求低）。
3. 一次性设备投资相对较少。
4. 安装简单，使用方便（用户可自己安装），维护费用低。
5. 对质地较轻的土壤（如沙地）可以少量多次快速补水，多次施肥。
6. 回收方便，可以多次使用。
7. 当采用管径小的喷水带结合覆膜时，就相当于大流量的滴灌。

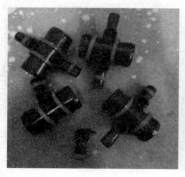

喷水带连接配件

喷水带灌溉的不足

1. 全区域无差别灌溉，特别是在喷肥的情况下，苗期容易滋生杂草。
2. 在高温季节，容易形成高湿环境，加速病害的发生和传播。
3. 喷水带只适合平地灌溉，地形起伏不平或山坡地不宜用。
4. 喷水带的铺设长度一般只有滴灌管的一半或更短，需要更多的输水支管。
5. 喷水带的管壁较薄，容易受水压、机械和生物等影响导致破损。
6. 封行后，喷水带喷出的水受茎和叶片的遮挡，导致灌溉和施肥不均匀。
7. 喷水带一般逐条安装开关，不设轮灌区，增加了操作成本。
8. 小面积（几亩*、十几亩）情况下，喷水带灌溉是经济有效的灌溉形式。但在大面积（几十亩、上百亩）情况下，喷水带灌溉管理耗工量大，不是一个适宜的灌溉形式。

---

* 亩为非法定计量单位，1亩＝1/15公顷。——编者注

喷灌

大田叶菜可以应用固定式喷灌或者半固定式喷灌。固定式喷灌将输水管埋在垄面下，在输水管上安装露出地面的支管，装摇臂式喷头。半固定式喷灌是将输水管放在垄沟的地面上，输水管上装竖立的支管，顶端安装喷头。整地后安装，收获前撤装，下一季作物再安装使用。

半固定式喷灌系统 　　　　　　　　　固定式喷灌系统

喷灌的优点

1. 使用方便，特别是封行后水分利用效率高。
2. 相对滴灌出水量大，能快速满足旺盛生长时的需水量。
3. 可调节田间小气候，增加近地面空气湿度。
4. 对质地较轻的土壤（如沙地）可以少量多次快速补水。
5. 容易实现自动化，节约劳动力。
6. 一次性安装好可以长期使用。移动式喷灌可以在收获期和整地时拆除，不影响耕作。

喷灌的不足

1. 在苗期很容易滋生杂草，同时存在水肥浪费问题。苗期要辅助人工浇灌或者淋灌。
2. 在高温季节，容易形成高温、高湿环境，加速病害的发生和传播。
3. 灌水均匀度受风影响较大。
4. 喷灌要求的压力大，流量大，相应的输水管道粗，水泵功率大，从而投资大。

微 喷 灌

　　微喷灌即利用微喷头进行灌溉。微喷头是将压力水流以细小水滴喷洒在土壤表面或者叶面的灌水器。单个微喷头的喷水量一般在 50～250 升/小时，射程一般小于 7 米。旋转式微喷头是田间广泛应用的种类。微喷灌有两种：一种是固定式微喷灌，适合在大棚种植时应用，将微喷头安装在棚架上的 PE 管上，向下喷水。田间则需要竖水泥桩或者其他支架，在支架上安装 PE 管，PE 管上安装微喷头。这种安装方法可以克服喷水带灌溉的不足，喷水喷肥更均匀。另一种是安装在田间的移动式微喷灌。整好地后安装微喷灌系统，收获前拆装，可以反复使用。

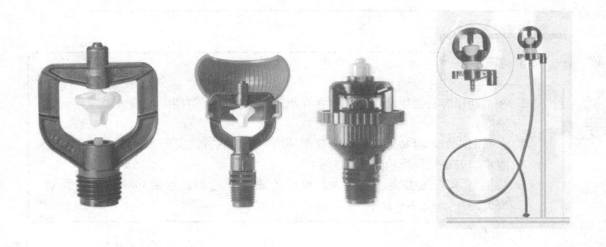

田间倒置安装的微喷灌，微喷头的间距与射程有关。射程越大，间距越大。

连接管

稳定器

防漏装置

微喷灌的优点

1. 灵活性大，使用方便。
2. 相对于滴灌而言出水量大，能快速满足作物旺盛生长时的需水量。
3. 可调节田间小气候，增加近地面空气湿度。
4. 对质地较轻的土壤（如沙地）可以少量多次快速补水。
5. 容易实现自动化，节约劳动力。

微喷灌的不足

1. 在苗期很容易滋生杂草，同时存在水肥浪费问题。
2. 在高温季节，容易形成高温、高湿环境，加速病害的发生和传播。
3. 灌水均匀度受风影响较大。
4. 微喷灌只适合在平地菜园应用，山坡地会出现灌水不均匀。

拖管淋灌

拖管淋灌或挑水浇灌也能实施简易水肥一体化，肥料兑水淋施、浇施。特别在小面积地块，拖管淋灌应用非常普遍。淋施水肥见效快，施肥安全，肥料利用率大幅度提高。特别在苗期效果好，灌溉施肥精准。但这种方法耗工、劳动强度大、低效率。

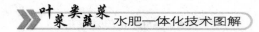
水肥一体化技术下叶菜类蔬菜的主要施肥模式

水肥一体化技术下，通过灌溉管道施肥，有多种方法。经常用的有加压拖管淋灌法、泵吸肥法、泵注肥法、比例施肥器法等。

泵注肥法

施肥要选用合适的施肥设备，要求浓度均一、施肥速度可控、工作效率高、可以自动化。

加压拖管淋灌法

在小面积种植情况下，在有蓄水池的条件下，可采用加压拖管淋灌法进行灌溉和施肥。动力来自蓄电池或者小功率汽油发电机。可以用直流电潜水泵或者汽油机泵，原理见下面示意图。该方法主要针对没有电力供应的地方。

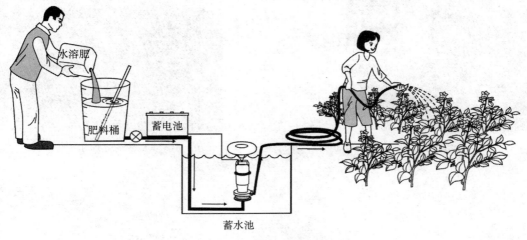

加压拖管淋灌示意图

潜水泵的功率一般在 60～370 瓦，流量在 1.0～6.0 米³/小时，扬程在 4～8 米，淋水管外径 16～25 毫米，电压为 24 伏直流电或 220 伏交流电，也可以用小型的汽油机水泵。

小型汽油机水泵

蓄电池加压

泵吸肥法

泵吸肥法是在首部系统旁边建一混肥池或放一施肥桶，肥池或施肥桶底部安装肥液流出的管道，此管道与首部系统水泵前的主管道连接，利用水泵直接将肥料溶液吸入灌溉系统。

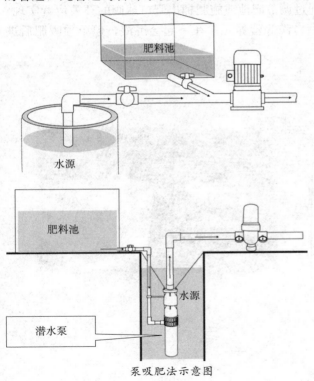

主要应用在用水泵对地面水源（蓄水池、鱼塘、渠道、河流等）进行加压的灌溉系统施肥，这是目前大力推广的施肥模式。如应用潜水泵加压，当潜水泵位置不深的情况下，也可以将肥料管出口固定在潜水泵进水口处，实现泵吸水施肥。

泵吸肥法示意图

施肥时，先根据轮灌区面积的大小计算施肥量，将肥料倒入混肥池或其他容器。开动水泵，放水溶解肥料，同时让田间管道充满水。打开肥池出肥口的开关，肥液被吸入主管道，随即被输送到田间。施肥速度和浓度可以通过调节肥池或施肥桶出肥口球阀的开关位置实现。设置多个吸肥口，可以现场配肥。如磷、钙、镁等营养元素在一起会沉淀，但单独吸肥后进入主管混合，在浓度低的情况下不会沉淀。

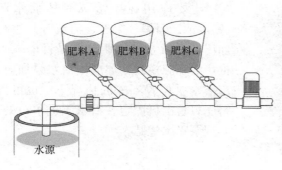

泵吸肥法示意图

　　对小面积地块，建议采用移动式灌溉施肥设备，采用汽油泵或柴油泵加压，安装叠片过滤器和施肥桶，采用泵吸施肥方法，可以用于滴灌、微喷灌、喷水带等。摩托车也可以用于灌溉和施肥，但要选用摩托车专用的水泵。

汽油机驱动的移动灌溉施肥机用于田间滴灌或微喷带

摩托车发动机驱动滴灌或微喷带

摩托车专用水泵

泵吸肥法的优点

1. 设备和维护成本低。
2. 操作简单方便。
3. 不需要外加动力或设备就可以施肥。
4. 可以施用固体肥料和液体肥料。
5. 施肥浓度均匀，施肥速度可以控制。
6. 当放置多个施肥桶或施肥池时，可以多种肥料同时施用（如磷酸一铵、硫酸镁、硝酸铵钙等）。此时进肥口必须间隔50厘米以上。

泵吸肥法的不足

1. 不适合自动化控制系统。
2. 不适合用在潜水泵放置很深的灌溉系统。

泵注肥法

泵注肥法是利用加压泵将肥料溶液注入有压管道而随灌溉水输送到田间的施肥方法。通常注肥泵产生的压力必须要大于输水管内的水压，否则肥料注不进去。常用的注肥泵有离心泵、隔膜泵、聚丙烯汽油泵、柱塞泵（打药机配置泵）等。

对于用深井泵或潜水泵加压的系统，泵注肥法是实现灌溉施肥结合的最佳选择。

田间泵注肥法应用场景

聚丙烯汽油泵

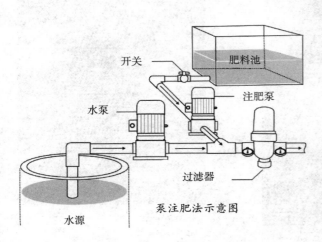

泵注肥法示意图

安装定时器对注肥泵进行时间自动控制。

柱塞泵（打药机）

　　注肥泵一般采用聚丙烯离心泵，有电力、汽油或柴油驱动多种种类。国外将施肥罐和注肥泵固定在拖斗上，施肥时将肥料拉到灌溉首部或者田间轮灌区的阀门处，连接到注肥口开始注肥，施肥完毕拉回仓库存放。注肥泵种类很多，基本要求是流量小、扬程大（大于水泵的扬程）、耐腐蚀。一般采用化工泵。

移动式注肥法

　　大面积的叶菜种植常采用固定式或半固定式喷灌系统，可选用柱塞泵或隔膜泵，采用电力驱动，注肥流量不受灌溉管道中压力变化的影响，施肥浓度均一，自动化控制。一般选用泵的流量为 200～300 升/小时，最大工作压力 1.0 兆帕。柱塞式施肥泵一般为双缸，电机功率 0.37 千瓦，转速 1 420 转/分钟。注肥泵连接流量计、变频器及自动控制系统。施肥桶上通常标有液位刻度。

柱塞式施肥泵

隔膜式施肥泵

对于几亩地的施肥（如大棚），可采用电动喷雾器泵注肥，蓄电池驱动，该泵可以变频调速。一些用户直接用电动喷雾器注肥，将肥料溶解于背箱内，将喷嘴卸下，换成插头，简单、方便、实用。大面积应用时可以用柱塞泵（如打药机）。

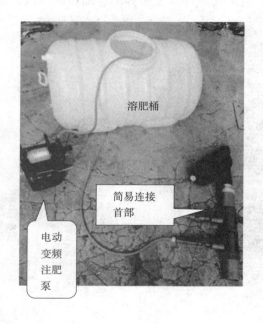

溶肥桶

简易连接首部

电动变频注肥泵

电动喷雾器

泵注肥法的优点

1. 设备和维护成本低。
2. 操作简单方便，施肥效率高。
3. 适于在井灌区及有压水源使用。
4. 可以施用固体肥料和液体肥料。
5. 施肥浓度均匀，施肥速度可以控制。
6. 对施肥泵进行定时控制，可以实现简单自动化。
7. 喷灌系统采用泵注肥法，可以精确控制施肥浓度。
8. 可以提前蓄水溶解肥料，克服井水低温对肥料溶解的影响。

泵注肥法的不足

1. 在灌溉系统以外要单独配置施肥泵。
2. 如经常施肥，要选用化工泵，以防腐蚀。

比例施肥器法

比例施肥器是一种精确施肥设备，其施肥方法是由施肥器将肥液从敞开的肥料罐（桶）吸入灌溉系统进行施肥。动力可以是水力、电力、内燃机等。目前常用的类型有膜式泵、柱塞泵、施肥机等。由于价格昂贵，在生产中少有应用。

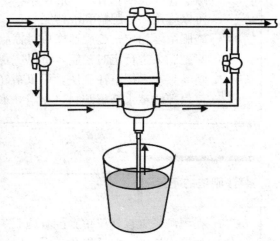

比例施肥器法示意图

比例施肥器的优点

1. 没有水头损失，不受水压变化的影响。
2. 可以使用固体肥料和液体肥料按比例施肥，施肥速度和浓度均匀，施肥浓度容易控制。
3. 适合于自动化控制系统。

比例施肥器的不足

1. 设备昂贵。
2. 装置复杂，维护费用高。
3. 操作复杂。

　　对大面积种植基地，为了加快固体肥料的溶解，建议修建溶肥池。溶肥池可以用混凝土建造，也可以在地面挖坑，盖防渗布。在肥料池内安装搅拌设备，一般搅拌桨要用304或304L不锈钢制造，减速机根据池的大小选择，一般功率在1.5～3.5千瓦，转速每分钟约60转。或者用防腐蚀的潜水泵放入溶肥池，利用水流溶解肥料。

建议淘汰施肥罐

施肥罐是国外 20 世纪 80 年代使用的施肥设备，现在基本淘汰。施肥罐存在很多缺陷，不建议使用。

1. 施肥罐工作时需要在主管上产生压差，导致系统压力下降。压力下降会影响滴灌或喷灌系统的灌溉施肥均匀性。
2. 通常的施肥罐体积都在几百升以内。当轮灌区面积大时施肥数量大，需要多次倒入肥料，耗费人工。
3. 施肥罐施肥时肥料浓度是变化的，先高后低，无法保证均衡浓度。
4. 施肥罐施肥不可视，无法简单快速地判断施肥是否完成。
5. 在利用地下水直接灌溉的地区，由于水温低，肥料溶解慢。
6. 施肥罐通常为碳钢制造，容易生锈。
7. 施肥罐的两条进水管和出肥管通常太小，无法调控施肥速度，无法实现自动化施肥。

　　大田叶菜类蔬菜种植不建议用文丘里施肥器。文丘里施肥器会造成系统压力减少 30％～50％，严重影响施肥的均匀性，增加系统能耗。特别是滴灌管铺设比较长时，不均匀性更突出。因此，建议淘汰文丘里施肥器，或只在小面积地块应用（如单个大棚）。如果需要应用，建议配置增压泵，将损耗的压力补回来。

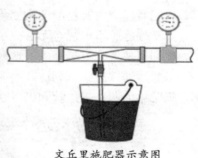

文丘里施肥器示意图

水肥一体化技术下叶菜类蔬菜施肥方案及灌溉计划的制定

有了灌溉设施和施肥方法之后，接下来最核心的工作就是制定灌溉方案和施肥方案。只有制定合理可行的灌溉和施肥方案，才能实现真正意义上的水肥综合管理。

制定施肥方案必须清楚作物生长周期内所需的施肥量、肥料种类、肥料的施用时期等。这些参数的确定又和作物的生长特性、水肥需求规律等密切相关。

叶菜类蔬菜水分管理

在叶菜类蔬菜整个生长季节，都需要充足的水分供应。叶菜类蔬菜由于叶面积大、蒸腾量大、根系浅，更需要频繁地浇水来满足水分需要。什么时候浇水，什么时候停止，长期以来都是凭经验。怎么才能够判断土壤水分是否适宜呢？

其实啊，这个问题很简单，我们把握一点就可以了，叶菜类蔬菜整个生长过程中所需的水分大部分都是由根系吸收的，根系吸收不到的地方，水分再多，也没有效果。我们只需要保持根层土壤湿润就可以满足作物对水分的需求，这样既不会浪费水，还可以保证养分不被淋失。湿润程度根据不同的生育时期和天气来确定，要保证水分与通气相协调，土壤不宜积水。收获时也要保证土壤有一定湿度。

有没有既简便又实用，而且不需要使用仪器就可以判断是否需要灌溉的方法呢？

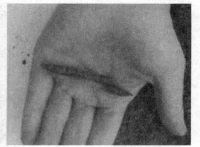

对于沙土而言，将根系部位的土壤挖出来，能捏成团，则说明土壤湿度适宜，无法捏成团则说明需要补充水分。

对于壤土或黏壤土，土壤能搓成条则说明土壤湿度适宜，无法搓成条则表明土壤水分不足，需要灌溉。

张力计是国外田间应用广泛的一种土壤水分监测设备，可用于监测土壤水分状况并指导灌溉。

叶菜类蔬菜大部分根系都是分布在0~20厘米的土层中，当用张力计监测土壤水分状况时，仅需将一根张力计埋设在20厘米土深处即可。土壤湿度保持在田间持水量的60%~80%时，适宜作物生长，即土壤张力计读数在10~20厘巴范围。超过20厘巴时，表明土壤湿度低于60%，需要开始灌溉。当压力表上指针显示为0时，表明土壤水分已经饱和，长时间处于这种状态，则需要排水。张力计不适宜用于沙壤土和黏土，张力计的陶瓷头要与土壤密切接触，否则指示不准确。

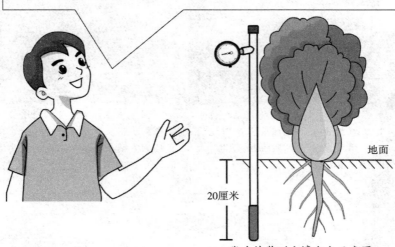

张力计监测土壤水分示意图

应用"灌溉深度监测仪"来指导叶菜类蔬菜灌溉更加方便可靠。将集水盘埋到根系分布的位置（20厘米深度），开始灌溉，当整个20厘米深度水分饱和后，部分水分进入集水盘，通过孔口进入最底端的集水管，将套管中的浮标浮起来，表明根层已灌足水，要停止灌溉。用注射器将集水管中的水抽干，浮标复位，等待指导下一次灌溉。此方法不受土壤质地及灌溉方式影响。设备经久耐用。

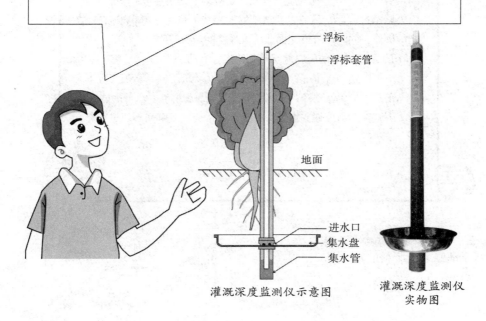

浮标

浮标套管

地面

进水口
集水盘
集水管

灌溉深度监测仪示意图

灌溉深度监测仪
实物图

水肥一体化技术下的肥料选择

水肥一体化技术对肥料的基本要求

　　肥料的选择是以不影响该灌溉模式的正常工作为标准的。传统的一些固体复合肥或单质肥料因杂质较多或溶解速度较慢，一方面会堵塞过滤器，另一方面溶肥的过程费工费时，不利于灌溉施肥的操作，同时还有可能因此耽误最佳的施肥时间。

　　用于灌溉系统的肥料能够量化的指标有两个：

1. 水不溶物的含量（针对不同灌溉模式要求不同，滴灌情况下杂质含量越低越好，喷水带灌溉、喷灌和淋灌要求低一些）。
2. 溶解速度与搅拌、水温等有关，通常要求溶解完不超过10分钟。

　　易溶解、溶解快是用于灌溉系统肥料的基本要求。

常见的适合用于灌溉施肥系统的肥料

氮肥：尿素、硝酸钾、硝酸铵钙、硫酸铵、硝基磷酸
　　　铵、尿素硝酸铵溶液（也叫氮溶液、UAN）。

磷肥：磷酸一铵（工业级）、聚磷酸铵。

钾肥：氯化钾（白色）、水溶性硫酸钾、硝酸钾。

复混肥：水溶性复混肥。

镁肥：硫酸镁、硝酸镁。

钙肥：硝酸铵钙、硝酸钙。

微量元素肥：硫酸锌、硼砂、硫酸锰及螯合态微量元
　　　　　素肥料等，铁必须用螯合态。

　　这些溶解性好的肥料有颗粒状、粉末状、清液态、悬浮态等形态。一些溶解性好的有机小分子物质如氨基酸、黄腐酸、海藻酸等也与无机营养一起配成肥料。

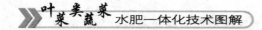
大白菜施肥方案的制定

大白菜到底要施多少肥？怎么施？

可以通过目标产量法或经验法获得。

目标产量法

对于叶菜类蔬菜而言，在一定的目标产量下需要吸收多少养分是比较清楚的，借助这些资料可计算具体目标产量下需要的氮、磷、钾总量。根据长期的调查，在水肥一体化技术条件下，氮的利用率为70%～80%、磷的利用率为40%～50%、钾的利用率为80%～90%，由此可计算出具体的施肥量，然后折算为具体肥料的施用量。

　　由于大白菜不同生长时期的生长量和生长速度不同，大白菜对氮、磷、钾养分吸收的比例是不相同的。苗期养分吸收量较少，氮、磷、钾的吸收量不足总吸收量的10%；进入莲座期生长加快，养分吸收量占总量的30%左右；结球期是生长最快、养分吸收最多的时期，占总量的60%左右。滴灌下大白菜的计划施肥量建议如下：

　　通常生产1吨大白菜需要吸收氮（N）1.82～2.6千克、磷（P_2O_5）0.9～1.1千克、钾（K_2O）3.2～3.7千克，在水肥一体化技术条件下，氮的利用率为70%～80%、磷的利用率为40%～50%、钾的利用率为80%～90%，则每生产1吨大白菜实际施肥量是氮（N）2.4～3.5千克、磷（P_2O_5）2.0～2.4千克、钾（K_2O）3.8～4.4千克。以此为参考，很快就可以计算出不同产量水平的计划施肥量。例如大白菜的目标产量是5吨/亩，那么需要投入的养分是氮（N）12～17.5千克、磷（P_2O_5）10～12千克、钾（K_2O）19～22千克。如果土壤比较肥沃，还可以参考以往的种植经验酌情调整。由于各地土壤养分状况不同，因此无法有针对性地逐一提出施肥方案。一些地方灌溉水中也含有氮、磷、钾养分，情况变得更复杂。精确的施肥方案应该是在测定土壤、灌溉水养分含量及计算有机肥提供的养分含量后再根据目标产量计算得出。

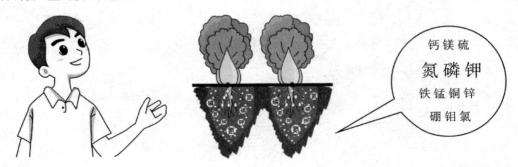

钙镁硫

氮磷钾

铁锰铜锌

硼钼氯

大白菜施肥量的调整可以根据土壤地力来进行，土壤情况不同，产量潜力也是不同的，所以在实际生产过程中要充分考虑土壤养分的供给能力。

大白菜施用氮、磷、钾的参考值（千克/亩）

土地肥力等级	目标产量	推荐施用量		
		氮（N）	磷（P_2O_5）	钾（K_2O）
低肥力	4 000～5 000	15～19	7～10	12～15
中肥力	5 100～6 000	13～17	6～8	10～13
高肥力	6 100～7 500	12～15	4～7	8～11

大白菜基肥用量参考值（千克/亩）

土壤肥力等级		低肥力	中肥力	高肥力
有机肥	目标产量	4 000～5 000	5 100～6 000	6 100～7 500
	农家肥	3 000～4 000	2 500～3 000	2 000～2 500
氮肥	尿素	4～6	4～5	3～4
	（或硫酸铵）	9～13	9～12	7～10
磷肥	磷酸二铵	15～22	13～18	11～15
钾肥	硫酸钾	7～9	6～8	5～7
	（或氯化钾）	6～8	5～7	4～6
大白菜专用肥（可代替化肥）		60～80	50～70	40～60

大白菜全程滴灌施肥具体方案（千克/亩）

目标产量：5 吨/亩

生育期	施肥次数	有机肥	复合肥 (12-18-15)	水溶复合肥 (15-10-13)	硝酸钾	硝酸铵钙	硫酸镁
底肥	1	500～1 000	50				
苗期	1			5			3
莲座期	2			10		2	
结球期	3				7	5	
合计	6	500～1 000	50	25	21	19	3

　　本方案采用底肥加追肥、有机无机结合、全营养水溶肥与单质肥相结合的原则设计，目的是满足作物不同时期对不同营养元素的需求。在土壤施肥的基础上，建议进行叶面喷施微量元素，可以在打药的同时，一同添加微量元素叶面肥喷施。

花椰菜施肥方案的制定

花椰菜不同生育阶段对养分需求不同，在出现花蕾前，养分吸收量少，随着花蕾的出现和膨大，养分吸收迅速增加，花球膨大盛期是花椰菜吸收养分最多、速度最快时期。氮肥在整个生育期吸收的比例都高，而且花椰菜喜欢硝态氮肥，而磷、钾肥只在花球形成期需求较多。据研究，每生产1 000千克花球，需吸收纯氮(N)7.7～10.8千克、磷(P_2O_5)2.1～3.2千克、钾(K_2O)9.2～12.0千克，其比例为1：0.3：1.1。其中需要量最多的是氮和钾，特别是叶簇生长旺盛时期需氮肥更多，花球形成期需磷比较多。现蕾前，要保证磷、钾营养的充分供应。

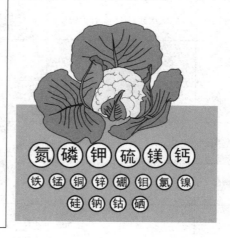

此外，花椰菜生长还需要一定量的硼、镁、钙、钼等中微量元素。花椰菜对硼的需求量较大，缺硼常造成花球中心开裂，花球变为锈褐色，味苦。在生产实践中往往忽视了硼肥的施用，导致花球出现缺硼症。同时，在上一年生产过花椰菜的地块生产大白菜或萝卜，出现缺硼症的可能性极大。

因此，在保证氮、磷、钾肥供应的基础上，应加强微量元素的供给。

滴灌下花椰菜的计划施肥量

　　每生产 1 000 千克花球，需吸收纯氮（N）7.7～10.8 千克、磷（P_2O_5）2.1～3.2 千克、钾（K_2O）9.2～12.0 千克。在水肥一体化技术条件下，氮的利用率为 70%～80%，磷的利用率为 40%～50%，钾的利用率为 80%～90%，则每生产 1 吨花椰菜实际施肥量是氮（N）10.3～14.4 千克、磷（P_2O_5）4.7～7.1 千克、钾（K_2O）10.8～14.1 千克。以此为参考，很快就可以计算出不同产量水平的计划施肥量。例如花椰菜的目标产量是 2.5 吨/亩，那么需要投入的养分是氮（N）25.7～35.3 千克，磷（P_2O_5）11.8～17.8 千克，钾（K_2O）27～35.5 千克。如果土壤比较肥沃，还可以参考以往的种植经验酌情调整。由于各地土壤养分状况均有所不同，因此无法有针对性地逐一提出施肥方案。一些地方灌溉水中也含有氮、磷、钾养分，情况变得更复杂。精确的施肥方案应该是在测定土壤、灌溉水养分含量及计算有机肥提供的养分含量后再根据目标产量计算得出。

肥料

花椰菜施肥量的调整可以根据土壤地力来进行，土壤情况不同，产量潜力也是不同的，所以在实际生产过程中要充分考虑土壤养分的供给能力。

花椰菜施用氮、磷、钾的参考值（千克/亩）

土地肥力等级	目标产量	推荐施用量		
		氮（N）	磷（P_2O_5）	钾（K_2O）
低肥力	1 500～2 000	22～26	7～11	13～16
中肥力	2 100～2 500	20～24	6～9	11～15
高肥力	2 600～3 100	18～22	5～7	10～13

花椰菜基肥用量参考值（千克/亩）

土壤肥力等级		低肥力	中肥力	高肥力
有机肥	目标产量	1 500～2 000	2 100～2 500	2 600～3 100
	农家肥	3 500～5 000	3 000～4 500	2 500～3 000
氮肥	尿素	6～8	5～7	4～6
	（或硫酸铵）	14～17	13～16	11～14
磷肥	磷酸二铵	15～23	13～19	11～16
钾肥	硫酸钾	8～11	7～9	6～8
	（或氯化钾）	7～9	6～8	5～7
	花椰菜专用肥（可代替化肥）	60～80	50～70	40～60

花椰菜全程滴灌施肥具体方案（千克/亩）

目标产量：2.5 吨/亩

生育期	施肥次数	有机肥	复合肥 (12-18-15)	尿素硝酸铵溶液 (32-0-0)	水溶性复合肥 (10-16-10＋TE)	氯化钾	硝酸钙镁
底肥	1	1 000～1 500	50				
苗期	1			5	3		
莲座期	2			7		4	3
花球形成初期	1			6	5	4	
抽薹开花期	2			7		5	3
合计	6	1 000～1 500	50	39	8	22	12

　　本方案采用底肥加追肥、有机无机结合、全营养水溶肥与单质肥相结合的原则设计，目的是满足作物不同时期对不同营养元素的需求。在土壤施肥的基础上，建议进行叶面喷施微量元素，可以在打药的同时，一同添加微量元素叶面肥喷施，如土壤缺硼可在花球形成初期和中期叶面喷施浓度为 0.1%～0.2% 的硼砂溶液。花椰菜对钼的需要量很少，但十分敏感，花球形成期可叶面喷施浓度为 0.01% 的钼酸铵溶液。

生菜施肥方案的制定

据研究，每生产 1 000 千克生菜，需吸收纯氮（N）1.8～2.5 千克、磷（P_2O_5）0.7～1.2 千克、钾（K_2O）3.2～4.5 千克，其比例为 1∶0.48∶1.8。由此比例可以看出生菜整个生长期需钾最多，氮次之，磷最少。在生长初期，吸肥量少，到结球期达到最大养分需求量。莲座期和结球期氮肥对产量影响最大，结球一月内吸收的氮素占全生育期的 84%。氮、磷、钾的营养临界期均在苗期，缺乏任何一个元素均会严重抑制生菜的生长。

此外，生菜生长还需要一定量的钙、镁、硼、钼、锌、铁、锰等中微量元素。生菜对氯敏感，不建议施用含氯肥料，如氯化钾。

生菜全程滴灌施肥具体方案（千克/亩）

目标产量：2 吨/亩

生育期	施肥次数	有机肥	复合肥 （15-15-15）	尿素硝酸铵溶液 （32-0-0）	水溶性复合肥 （10-16-10＋TE）	硫酸钾	硝酸铵钙
底肥	1	800～1 000	30				
苗期	1				5		
莲座期	1			3	2		
结球初期	1			3		4	
结球中后期	2					4	5
合计	7	800～1 000	30	6	7	12	10

　　生菜生长迅速，养分需求集中。本方案采用底肥加追肥、有机无机结合、全营养水溶肥与单质肥相结合的原则设计，目的是满足作物不同时期对不同营养元素的需求。本方案仅作参考，使用时根据实际情况灵活调整用量和次数。在土壤施肥的基础上，建议进行叶面肥喷施：在前期打药时，添加微量元素叶面肥喷施，例如硼、锌、铁等微量元素；在结球期，可用 0.3％磷酸二氢钾作叶面喷肥，有利于增产和品质提升。注意：硫酸钾与硝酸铵钙不可放在一起用，要分开施用，不然的话会产生硫酸钙沉淀。

菜心施肥方案的制定

菜心的生育周期包括发芽期、幼苗期、莲座期、花球形成期与抽薹开花期。前三个时期与结球甘蓝相似。

在适宜的温度下，发芽期是从种子萌动到第一片真叶出现大约 7 天；幼苗期是 2 片真叶到 5～6 片叶出现；第一叶环形成，为 20～30 天；莲座期是第二、三叶环形成，植株成为莲花状的叶簇；莲座期结束时，茎的顶端孕育成花球，花球的形成标志着营养生长结束；随后进入花球继续生长发育，抽生花薹、花枝、开花结实完成生殖生长阶段。

菜心不同生育阶段对养分需求不同，在出现花蕾前，养分吸收量少，随着花蕾的出现和膨大，养分吸收迅速增加，此时是吸收养分最多、速度最快时期。氮肥在整个生育期吸收的比例都高，而且菜心喜欢硝态氮肥，而磷、钾肥只在开花期需求较多。

菜心全程滴灌施肥具体方案（千克/亩）

目标产量：1.25 吨/亩

生育期	施肥次数	有机肥	复合肥 （15-15-15）	尿素硝酸铵溶液 （32-0-0）	水溶性复合肥 （10-16-10＋TE）	氯化钾	硝酸铵钙
底肥	1	800～1 000	30				
苗期	1				3		
叶片生长期、现蕾期	2			3	2		
菜薹生长旺期	2					2	5
合计	6	800～1 000	30	6	7	4	10

　　菜心生长周期短、生长量较大，生长全期对土壤养分的要求较高。本方案采用底肥加追肥、有机无机结合、全营养水溶肥与单质肥相结合的原则设计，目的是满足菜心不同时期对不同营养元素的需求，参考使用时应根据实际情况灵活调整用量和次数。菜心在施足底肥的情况下，后期追肥建议少量多次进行。在土壤施肥的基础上，建议进行叶面肥喷施：在前期打药时，添加微量元素叶面肥喷施，例如硼、锌、铁等微量元素；在生育后期，可用 0.3% 磷酸二氢钾叶面喷肥，有利于增产和品质提升。

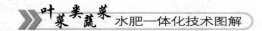

芹菜施肥方案的制定

芹菜全程滴灌施肥具体方案（千克/亩）

目标产量：5 吨/亩

生育期	施肥次数	有机肥	复合肥 （12-18-15）	尿素硝酸铵溶液 （32-0-0）	水溶性复合肥 （10-16-10＋TE）	氯化钾	硝酸铵钙
底肥	1	1 000～1 500	50				
移栽后	1			3	3		
团棵期	1			3	5		
旺长初期	2			5	3	5	
旺长中后期	3					6	5
合计	7	1 000～1 500	50	16	14	28	15

　　芹菜需肥量较大，特别是在高产条件下，本方案采用底肥加追肥、有机无机结合、全营养水溶肥与单质肥相结合的原则设计。本方案仅作参考，使用时应根据实际情况灵活调整用量和次数。芹菜在施足底肥的情况下，追肥根据生育期需肥特点少量多次进行。在土壤施肥的基础上，建议进行叶面肥喷施：在前期打药时，添加微量元素叶面肥喷施，例如硼、锌、铁、锰等微量元素。在旺长期，注意叶面补充硼肥，可在一定程度上避免茎裂的发生。

叶菜类蔬菜叶片分析技术

　　植株体内的营养是否平衡和丰富，一般会从长势和叶片颜色上表现出来。但等到发现缺素症状，再施肥矫正已经太迟了。国外通常的做法是定期测定成熟叶片的养分含量，以正常生长的叶片指标作为标准，测定值与标准值对比，就知道植株营养是否正常，这项技术称为"叶片分析技术"。或者通俗讲，给作物做体检。

硝态氮测定仪

叶菜类蔬菜的叶片分析过程

菠菜、甘蓝等取最新成熟叶，一般是由顶端数起第四片叶，共取 20～30 片，用整片叶进行榨汁。

芹菜也取最新成熟叶，一般是从上往下数第四或第五片叶，去除叶片，使用叶柄榨汁。

正常生长叶菜类蔬菜叶柄汁液的养分指标（毫克/千克）

作物	生长时期	硝态氮（N）	磷（P_2O_5）	钾（K_2O）
大白菜	莲座期	400～500	40～80	3 000～6 000
花椰菜	莲座期	350～500	35～90	3 000～5 500
芹菜	生长中期	350～450	30～70	1 500～3 000
生菜	莲座期	250～350	50～70	1 000～2 000
菠菜	播种后 4～6 周	400～550	50～70	3 500～5 500

水肥一体化技术下叶菜类蔬菜施肥应注意的问题

土壤酸碱度问题

　　了解土壤酸碱性非常重要。土壤变酸后线虫多，易发生锰毒、铝毒；土壤变碱后会产生氨挥发，铁、锰、锌等微量元素失效。

　　测定土壤酸碱度非常简单。在田间取根层土壤，加水制成过饱和泥浆（一般水土比1∶1），用精密 pH 试纸现场测定。如果要精确测定，必须多制样，将悬浮液静置 1 小时用笔式 pH 计测定上清液，或者用手持 pH 计插入土壤中直接读数。一般要求土壤 pH 为 5.5～7.5，pH 低于 5.5 偏酸性，大于 7.5 偏碱性。

土壤的 pH 与养分的有效性密切相关，如锰、硼、锌在酸性土壤有效性高，而钼在碱性土壤有效性高。特别是磷的有效性与土壤 pH 关系密切。

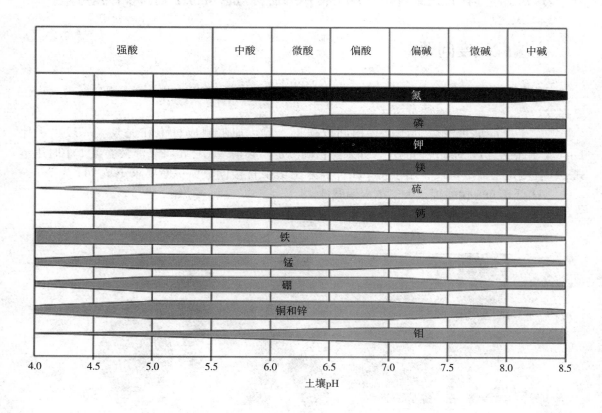

盐害问题

了解土壤的盐分含量也非常重要。土壤盐分过多会造成直接的盐害，引起生理失水，打破养分的平衡，抑制植株生长。过量施肥抑制叶菜生长、底肥太多靠近根部会烧根烧苗、喷肥浓度太高烧叶的本质都是盐害。

用电导率仪测定土壤及
灌溉水的电导率

　　测定土壤盐分含量非常简单，以电导率表示（EC 值）。在田间取根层土壤，加水制成过饱和泥浆（一般水土比 1∶1），放置 0.5 小时，取上清液，用电导率仪测定。如果测定值大于 4.0 毫西/厘米，表明是盐土。

　　考虑到喷施肥料的安全性，一般要求肥料浓度要低于 0.2%，或稀释 500 倍以上。如每亩每次喷施 10 米³ 水，施肥量为 10 千克，则稀释浓度为 0.1%。滴灌一般不用担心肥料浓度过高问题，绝大部分情况都是稀释了 500 倍以上。

　　生菜对土壤盐分比较敏感。生菜正常生长要求土壤 EC 值低于 1.3 毫西/厘米。EC 值为 2.1 毫西/厘米、3.2 毫西/厘米、5.1 毫西/厘米和 9.0 毫西/厘米时，分别抑制生长达到 10%、25%、50% 和 100%，即土壤 EC 值达到 9.0 毫西/厘米时，生菜完全不能生长。白菜正常生长要求土壤 EC 值低于 1.8 毫西/厘米。EC 值为 2.8 毫西/厘米、4.4 毫西/厘米、7.0 毫西/厘米和 12 毫西/厘米时，分别抑制生长达到 10%、25%、50% 和 100%。

注意施肥的安全浓度

　　经常用手持电导率仪插入根区监测肥料浓度。监测时土壤处于湿润状态。电导率值过低，表明肥料浓度低，根系吸收养分不足，要及时追肥；电导率值过高，表明肥料浓度高，根系可能处于盐分胁迫状态，养分无法正常吸收，生长受抑制。

几种叶菜类蔬菜的土壤盐分的耐受程度

相对生长百分数	100%	90%	75%	50%	0%
白菜的土壤电导率（毫西/厘米）	1.8	2.8	4.4	7.0	12
花椰菜的土壤电导率（毫西/厘米）	2.8	3.9	5.5	8.2	14
莴苣的土壤电导率（毫西/厘米）	1.3	2.1	3.2	5.1	9.0
芹菜的土壤电导率（毫西/厘米）	1.8	3.4	5.8	9.9	18

注：100% 指正常生长，50% 指一半的生长被抑制，0% 指完全不能生长。

插入土壤测定的手持电导率仪，在土壤湿润状态下测定

灌溉水的盐分含量对几种蔬菜的生长影响

相对生长百分数	100%	90%	75%	50%	0%
白菜的灌溉水电导率（毫西/厘米）	1.2	1.9	2.9	4.6	8.1
花椰菜的灌溉水电导率（毫西/厘米）	1.9	2.6	3.7	5.5	9.1
莴苣的灌溉水电导率（毫西/厘米）	0.9	1.4	2.1	3.4	6.0
芹菜的灌溉水电导率（毫西/厘米）	1.2	2.3	3.9	6.6	12

注：100%指正常生长，50%指一半的生长被抑制，0%指作物完全不能生长。

1. 在盐碱土和石灰性土壤分布的地区，要用笔式电导率仪监测灌溉水的电导率（EC）。以白菜为例，如 EC 值低于 1.2 毫西/厘米，表明对生长没有负面影响；如 EC 值大于 1.2 毫西/厘米，表示水中含盐较多，可能会给根系带来盐分胁迫，生长受抑制，此时施肥更要少量多次。

2. 测定灌溉水的 pH，如果 pH 大于 7，要选用酸性肥，否则会产生氨气挥发和磷酸盐沉淀问题。

笔式电导率仪测定溶液或
灌溉水的电导率

系统堵塞问题

砂石分离器　　　　　　　　　　介质过滤器　　　　　　　　　　叠片过滤器

　　如采用滴灌，过滤器是滴灌成败的关键，常用的过滤器为120目叠片过滤器。如果是取用含沙较多的井水或河水，在叠片过滤器之前还要安装砂石分离器。如果是有机物含量多的水源（如鱼塘水），建议加装介质过滤器。

　　在水源入口常用100目尼龙网或不锈钢网做初级过滤，过滤器要定期清洗。对于大面积的种植区，建议安装自动反清洗过滤器。滴灌管尾端定期打开冲洗，一般1月1次，确保尾端滴头不被阻塞。一般滴完肥一定要滴清水20分钟左右（时间长短与轮灌区大小有关），将管道内的肥液淋洗掉，否则可能会在滴头处生长藻类青苔等低等植物，堵塞滴头。另外，水的硬度高也会引起堵塞，建议用酸性肥料。

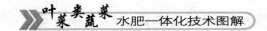

过量灌溉问题

　　防止过量灌溉。露天蔬菜种植，在旱季每次滴灌时间控制在 1～2 小时（喷灌或喷水带时间更短），保证根区湿润即可（具体的灌溉时间与根系深度、滴头流量有关）。在雨季，滴灌系统只用于施肥，这时要严格控制施肥时间，一般在 30 分钟内要将肥施完，否则会将肥料淋洗到根层以下，肥料不起作用，导致作物表现缺肥症状。苗期的灌溉时间根据根系分布深度定。在温室大棚中，每次灌溉后保证根区湿润即可。对于沙性较强的土壤，可以选择流量稍大的滴头。露地栽培时，雨季建议用硫酸铵、碳酸氢铵等不易淋失的铵态氮肥，少用或不用尿素和硝态氮肥。如果采用的是膜下喷水带灌溉，每次喷几分钟到十几分钟即可。肥料是跟着水走的，滴灌施肥的时候，切忌不要时间太长，否则水和肥料都跑到根区下方了，不起作用。

　　除此之外，滴灌施肥的时候，一定要注意顺序，正确的顺序是先滴清水，后滴肥料，然后再滴 10～20 分钟清水洗管。具体要求是不出现过量灌溉，保持根层湿润。为防止过量灌溉，可以采用前面介绍的"灌溉深度监测仪"。

养分平衡问题

特别在滴灌施肥条件下，根系生长密集、量大，这时对土壤的养分供应依赖性减小，更多依赖于通过滴灌提供的养分，作物对养分的合理比例和浓度有更高要求。尤其在沙土上，各种养分都缺乏，此时要高度重视养分平衡，否则极容易出现缺素症，多施有机肥可以减少缺素的风险。

1. 如偏施尿素和铵态氮肥会影响钾、钙、镁的吸收（高氮复合肥以尿素为主）。

2. 过量施钾会影响镁、钙的吸收。

养分平衡是叶菜类蔬菜高产优质的关键。

水肥一体化技术关注的核心问题

1. 安全浓度

肥料兑水施用，人为监控养分浓度，保证肥料不烧根、烧苗、烧叶、烧种。

2. 合理用量

施肥原则是少量多次，既满足了作物不间断吸收养分的要求，又避免了一次过多施肥造成的烧根及肥料淋洗损失，可以根据长势随时增加或减少施肥量。水肥一体化技术最容易做到合理用量，由于水带肥到达根部，吸收更方便、更容易，肥料利用率大幅度提高。灌溉也要求适量，只湿润根层土壤，切记不要过量灌溉。过量灌溉会将养分淋洗掉，浪费肥料。同时，破坏土壤的水气平衡，加速根区土壤的反硝化。

3. 养分平衡

作物需要多种营养，水肥一体化技术下更加强调养分的平衡和合理供应。特别是沙壤土栽培条件下，养分平衡是高产优质的关键。

图书在版编目（CIP）数据

叶菜类蔬菜水肥一体化技术图解 / 苏效坡，张承林编著 . —北京：中国农业出版社，2019.12
（水肥一体化技术图解系列丛书）
ISBN 978-7-109-26027-6

Ⅰ . ①叶…　Ⅱ . ①苏… ②张…　Ⅲ . ①绿叶蔬菜—肥水管理—图解　Ⅳ . ①S636-64

中国版本图书馆 CIP 数据核字（2019）第 225203 号

中国农业出版社出版
地址：北京市朝阳区麦子店街 18 号楼
邮编：100125
责任编辑：魏兆猛
版式设计：韩小丽　　责任校对：赵　硕
印刷：中农印务有限公司
版次：2019 年 12 月第 1 版
印次：2019 年 12 月北京第 1 次印刷
发行：新华书店北京发行所
开本：787mm×1092mm　1/24
印张：$3\frac{1}{3}$
字数：70 千字
定价：15.00 元
